MARIA AUBÖCK
STADT UNTER DRUCK

WIENER VORLESUNGEN

Band 215

*Herausgegeben für die Stadt Wien von
Anita Eichinger*

Vortrag
am 16. Mai 2024

MARIA AUBÖCK

STADT UNTER DRUCK

HERAUSFORDERUNGEN
IM KLIMAWANDEL

PICUS VERLAG WIEN

Copyright © 2025 Picus Verlag Ges.m.b.H., Wien
Friedrich-Schmidt-Platz 4, 1080 Wien
info@picus.at
Alle Rechte vorbehalten
Grafische Gestaltung: Buntspecht, Wien
Druck und Verarbeitung:
FINIDR, s.r.o., Český Těšín
ISBN 978-3-7117-3036-7

Informationen zu den Wiener Vorlesungen unter
www.wienervorlesungen.at

Informationen über das aktuelle Programm
des Picus Verlags und Veranstaltungen unter
www.picus.at

DIE WIENER VORLESUNGEN

Die Wiener Vorlesungen sind seit über drei Jahrzehnten ein offenes Dialogforum der Stadt Wien und eines der wichtigsten Formate für Wissens- und Kulturvermittlung in dieser Stadt. Ihr Ziel ist es, den Analysen, Einschätzungen und Fragen renommierter Denker*innen und Wissenschaftler*innen aus aller Welt Raum zu geben, um gesellschaftliche Herausforderungen der Gegenwart anschaulich zu analysieren und kritisch zu diskutieren. So wird nicht nur der Blick für die Komplexität und Differenziertheit unserer Wirklichkeit geschärft, sondern auch im Sinne eines kritischen, digital weitergedachten Humanismus Demokratie gestärkt, indem wissenschaftliche Betrachtung und Argumentation breit nachvollziehbar gemacht und vermittelt werden.

Es mag ein Paradox unserer durch vielfältige Krisen geprägten Zeit sein, dass gerade in einem Land, in dem seit jeher großartige Leistungen im Bereich der Wissenschaft erbracht wurden und werden, eine steigende Wissenschaftsskepsis zu beobachten ist. Alternative Wahrheiten haben Eingang in den allgemeinen Diskurs gefunden und persönliche Meinungen werden oft mit wissenschaftlichen Analysen gleichgesetzt, da es vielfach an Verständnis für ihre Verfahren fehlt. Wenn Algorithmen nur mehr auf uns zugeschnittene, angepasste »Wirklichkeiten« und »Wahrheiten« präsentieren, lösen sich geteilte Grundwerte und gemeinsame Referenzrahmen in sogenannten

Filterblasen auf – Radikalisierung und Erosion von Demokratie sind die Folgen. Die Digitalisierung hat diese Entwicklungen befördert, bietet jedoch auch Chancen für die Zukunft.

Im Duell von Fake News und Fakten tragen die Wiener Vorlesungen dazu bei, antiaufklärerischen Entwicklungen mit Vehemenz entgegenzutreten und das Vertrauen der Menschen in die Wissenschaft wiederherzustellen sowie kritisches Denken zu fördern. Gerade aufgrund der Komplexität der multiplen Krisen (Klima, Krieg, Künstliche Intelligenz u.v.m), mit der unsere Welt konfrontiert ist, braucht es einen zukunftsorientierten Zugang und ein gemeinsames Agieren, um Demokratie und Diskurs zu stärken und Lösungsansätze zu formulieren und umzusetzen. Nichts Geringeres als die Frage »Was ist der Mensch«, die letztlich alle Wissenschaft umtreibt, ist vor diesen Hintergründen neu zu stellen.

Es erfordert kreative, mutige und ungewöhnliche Antworten und Ideen, neue Formen der Kooperation und ein Zusammengehen aller wissenschaftlichen Disziplinen, um den Herausforderungen entgegnen zu können. Vor allem aber braucht es einen auf valide wissenschaftliche Grundlagen gestützten Diskurs auf breiter gesellschaftlicher Ebene, denn diese Probleme und Entwicklungen betreffen alle Teile der Gesellschaft.

Kritische Analyse und Aufklärung im Sinne der Demokratie und einer starken Zivilgesellschaft sind und bleiben zentrale Anliegen der Wiener Vorlesungen. Insofern freue ich mich, dass sie nicht nur digital im Internet jederzeit abrufbar sind, sondern mit vorliegender Publikation auch in gedruckter Form vorliegen.

Veronica Kaup-Hasler
Stadträtin für Kultur und Wissenschaft

STADTRAUM UNTER DRUCK

Ich lebe und arbeite mit meinem Mann János Kárász in Wien, wir haben beide an der TU Wien Architektur studiert. Danach haben wir in weiteren Studien und Auslandsaufenthalten unsere Interessen vertieft – seit damals ist die Beschäftigung mit der Gestalt und dem Gebrauch von Stadträumen unser Arbeitsthema. Uns geht es darum, gestaltete Stadträume zu planen, zu errichten und zu erhalten, die den aktuellen gesellschaftlichen Anforderungen entsprechen.

Wir arbeiten an der Schnittstelle von Planung und Gestaltung von Freiräumen für eine Baukultur, die klimagerechte Stadträume in Verbindung von Bauwerken und Freiräumen entstehen lässt.

Im letzten Drittel des 20. Jahrhunderts entstanden in Wien die Gebietsbetreuungen, ein europaweit einzigartiges Modell der bürgernahen Stadtentwicklung. Es war die Zeit der Stadterneuerung. Als Teil der »Projektgruppe Favoriten«, die sich am Institut für Städtebau der TU Wien mit den Auswirkungen der Fußgängerzone auf die Entwicklung des Bezirks beschäftigte, konnte ich als Studentin 1973 spezielles Fachwissen erlangen, da die Arbeiten der Studentengruppe sich als Vorarbeit zu den späteren Aufgaben der Gebietsbetreuung erwiesen. Das Thema meiner Diplomarbeit

1974 war die Entwicklung kommunaler Grünflächen am Beispiel des Augartens in Wien. Dabei konnte ich den verantwortungsvollen Umgang mit dem Kulturerbe und der Stadtnatur erlernen. János Kárász arbeitete damals schon an soziokulturellen Studien, unter anderem zu Wohngemeinschaften in Wien und dem Leben von Jugendlichen auf dem Land. Unser gemeinsamer beruflicher Weg führte danach zu vielen baukulturell relevanten Themen zu den Freiräumen der Stadt, viele der hier vorgelegten Projekte sind Ergebnisse von Recherchen für Forschungsprojekte, den Unterricht und die berufliche Tätigkeit als Landschaftsarchitekten.

Zusammengefasst gehen meine Überlegungen für diesen Text dahin:
- Welche Belastungen für die Umwelt und den Stadtraum gibt es?
- Wie gehen andere Städte mit den aktuellen Herausforderungen um?
- Welche Beispiele der eigenen Arbeit können wir für zukunftsorientiertes Handeln einbringen?

Seit dem diesem Buch vorausgegangenen Vortrag am 16.5.2024 ist wieder einiges passiert, wodurch Stadträume unter Druck gesetzt werden. Ende August 2024 berichtete Geosphere Austria, dass dieser Sommer die heißeste Jahreszeit Wiens seit Beginn der Wetteraufzeichnungen war, im September kamen die schweren Regenfälle dazu! Die Weinlese begann um mehrere

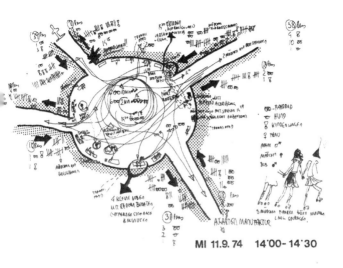

*Abbildung 1, Bewegungsprotokoll am Sternplatz
im Augarten, Wien*

Wochen früher als sonst, mehr als 42 Tropennächte wurden in Wien – Innere Stadt gezählt, in denen die Nachttemperatur nicht mehr unter 20 Grad Celsius fällt.

In den Ländern des Südens ist man im Umgang mit Hitze geübt, seit Jahrhunderten wurden Siedlungen und Städte dementsprechend geplant. Stadtplätze sind dort nicht nur für Handel und Repräsentation angelegt, sie sind ästhetisch gestaltete Begegnungsorte, wie etwa die Piazza Navona in Rom oder die Ramblas in Barcelona. Im pannonischen Klima Ungarns gehören offene Stiegenhäuser, Arkaden und andere durchlüftete Bauteile zum Repertoire der Baukultur. In Österreich wird man diesen Umgang mit durchlüftbaren Bauteilen – vor allem in den Erdgeschossen der Städte – erst ertüchtigen müssen. Gerade in den öffentlichen Freiräumen der dicht bebauten Stadt staute sich auf den Plätzen und Straßen schon im späten Frühjahr die Hitze, die Sommergewitter wurden zu Katastrophen. In Wien ereigneten sich im Sommer 2024 die stärksten Regenfälle seit mehr als 150 Jahren, ja man spricht von einem 1000-jährlichen Hochwasser des Wienflusses. Die Hagelversicherung berichtete von Ernteausfällen und Unwetterereignissen, die bereits weit über die im Juli 2024 angenommenen 350 Millionen Euro Schaden gestiegen sind. Die hohe Bodenversiegelung in Österreich und der gesetzliche Auftrag der Renaturierung werden unter diesen Aspekten heftig diskutiert. Zugleich belasten weitere gesellschaftspolitische Themen die Stadträume, wie der Umgang mit der schwachen Ökonomie, der Arbeitslosigkeit und der Kinderarmut. Die Landesregierungen, die Stadtverwaltungen und die Bauwirtschaft sind gefordert, weitreichende Entscheidungen zu treffen – zur Dekarbonisierung in Bauwesen, Industrie und Mobilität, auch zum Umgang mit den Leerständen und der Krise des geförderten Wohnbaus. Diese Themen bewirken soziale und ökologische Folgen, die die Zukunft unserer Städte in allen Verwaltungsbereichen betreffen. Hier will ich mich vor allem auf die baukulturellen Aspekte der Stadträume konzentrieren, die durch die Auswirkungen des Klimawandels entstehen.

GEBAUTE STADTRÄUME

Jede Stadt ist anders konfiguriert, die Stadträume können in ihrer Vielfalt den jeweiligen Ort besonders bestimmen. So bilden die engen Straßen und Plätze rund um den Domplatz in Salzburgs Altstadt oder die Raumachsen rund um das Millenniumsdenkmal mit dem weitläufigen Stadtwäldchen in Budapest ausgewogene, gestaltete Ensembles – wie auch die polygonal angelegte Ringstraße in Wien.

Abbildung 2, Lebendige Stadträume

Wenn im Mai in Wien die Lindenblüten duften, zieht sich der Geruch durch die Stadt und ein Spaziergang abends an der Ringstraße entlang zum Donaukanal wird zu einem besonders poetischen Ereignis. Umgeben von prächtigen Hausfassaden und breiten Gehsteigen queren wir Radwege, laufen entlang der Baumalleen zu den Durchblicken in die Querstraßen. Wir flanieren unter den leuchtenden Kandelabern und erleben einen speziellen Stadtraum, zugleich europäische Kulturgeschichte. Um neue Stadträume zu gestalten und den Bestand zu qualifizieren, muss man die formalen Werte und die natur- und stadträumlichen Qualitäten kennen, man benötigt ortsbezogenes Wissen für Zukunftsszenarios.

In diesen letzten Jahrzehnten, die man als Beginn eines neuen Jahrhunderts bezeichnet, setzten viele Belastungen wie das intensive Baugeschehen und der Verlust an Naturräumen, der wachsende Verkehr und der Übertourismus gleichzeitig den Stadtraum unter Druck.

Heute sind die ökologischen Planungsfehler des 20. Jahrhunderts in Siedlungs- und Stadträumen evident sichtbar, sei es in der Quartierplanung, im Umgang mit Naturelementen oder dem Straßenbau. Dazu kommt die rasante Veränderung des sozialen Lebens durch die digitale Wende und die generationenübergreifenden Krisen, die das Leben und Arbeiten belasten.

Dies alles lässt sich nicht mit einfachen Rezepten lösen. Wäre das möglich, möchte ich Ihnen den Trickfilm »Elemental« aus dem Jahr 2023 empfehlen.

Es überrascht, dass das Thema des gefährdeten Stadtraums in diesem beliebten Kinderfilm, der von Pixar Animation Studios zusammen mit Walt Disney Pictures produziert wurde, als Rahmen genutzt wird – nicht nur, um den Hintergrund einer seltsamen Stadtkulisse zu bieten, sondern um mehr Spannung zu erzeugen! In diesem Trickfilm sind die Stadtquartiere aus den vier Elementen Wasser, Erde, Feuer, Luft gebaut, Hochhäuser aus Wolken, feurige Restaurants, Büros aus Baumkronen und Straßen aus Wasser bilden den Hintergrund für die abenteuerliche Geschichte. Das wirkt anfangs unendlich kitschig und zeigt doch in vielen überraschenden Szenen mit rasantem Tempo, dass komplexe, kritische Fragen zu Planung und Gestaltung der Stadt in einem Trickfilm nicht lösbar sind.

Diese Herausforderungen müssen auf vielen fachlichen Ebenen angegangen werden, es gibt keine fertigen Rezepte.

Die Meteorologin Helga Kromp-Kolb wählte 2023 für ihr neues Buch den programmatischen Titel: »Für Pessimismus ist es zu spät«. In ihrem Text findet man eine Fülle an konstruktiven Vorschlägen, wie die Planung auf die neuen Rahmenbedingungen reagieren kann. Der aktuelle Trend auf allen Ebenen der Entscheidungsträger und der verantwortlichen Verwaltungen – lokal und international – ist, lösungsorientiert zu handeln.

Dazu muss aber ein neues »Mindset bei der Planung

auf allen Ebenen« entstehen, wie es Regula Lüscher, die ehemalige Berliner Senatsbaudirektorin, die sich jetzt »Stadtmacherin« nennt, in einem Interview für www.morgenbau.at formulierte. Erst durch ein konzises Problemverständnis und daraus entwickeltes Umdenken können von den Verantwortlichen realisierbare Programme – wie Masterpläne – geschaffen werden, um den erforderlichen Umbau der Stadträume im Zentrum und an der Peripherie anzugehen.

Diese innovativen Maßnahmen müssen mit Verständnis für die Bausubstanz und das soziale Zusammenleben entstehen, um Programme für die Zukunft der Mobilität, für die nachhaltige Veränderung der Bauwirtschaft zu erreichen. Für eine zeitgemäße Baukultur braucht es Konzepte für das Umfeld der Neubauten in den neuen Quartieren und zur intelligenten Umnutzung vom Bestand im Sinne der Schlagworte »Recycle – Reuse«.

Dazu werden Projekte und Planungsbedingungen und -prozesse aus Paris, Hamburg, Valencia und Barcelona vorgestellt, aus denen wir für Wien lernen können. Diese ausgewählten Beispiele der Stadtgestaltung in Europa sind teilweise bereits gebaut oder konkret in Arbeit.

KLIMAFRAGEN

Am Beginn stehen die lange bekannten naturwissenschaftlichen Fakten der menschengemachten Folgen der Industrialisierung auf den Klimawandel.

Bekannt sind die sprunghaft ansteigenden Temperaturveränderungen und Wetterereignisse, die langfristigen Verschiebungen der Vegetationsperioden, die Folgen auf die Lebensbedingungen für Menschen, Tier- und Pflanzenwelt. So berichtet Geosphere Austria, dass seit einigen Jahren manche Zugvögel wie etwa Störche in Österreich überwintern, weil die gestiegenen Temperaturen es zulassen. Es geht um die ökologischen Auswirkungen der Wetterereignisse auf das Grundwasser, den Boden, die Vegetation, daraus folgend auf die Biodiversität. Diese naturwissenschaftlichen Fakten kann man nicht mehr wegreden, sie erfordern landschaftsplanerische Maßnahmen und Vorsorge in Bereichen von Natur- und Umweltschutz. Vor wenigen Jahren war die botanisch standortgerechte Pflanzenauswahl das wichtige Thema, heute beschäftigt sich die Fachwelt mit »klimafitten« Pflanzenlisten, viele dieser Gehölze stammen von anderen Kontinenten. Inzwischen gibt es die Ausbildung zum Klimagärtner, um geeignete Fachleute in den »grünen Branchen« – wie für Umweltberatung, Gartenbau, Baumschulen etc. – heranzuziehen. Aus vielen dieser Gründe wurden oder werden derzeit auch die kommu-

Abbildung 3, Leuchtende Bäume

nalen Bauvorschriften geändert wie zum Beispiel 2023 das Baumschutzgesetz für Wien.

Die aktuelle Frage für die Fachwelt ist, welche Vegetationsgesellschaften 2040 mit beschleunigten Wechseln der Wetterlagen, von Hitze und Kälte entstehen werden. Haben wir in Zukunft Steppe, Wüste oder Sumpf in Wien?

Der Autor Michael Stavarič verfremdet in seinem Essay »Wien 2040« diese dystopischen Fragen zu einer surrealistischen Vision: »… ein(en) Blick auf die mittlerweile stattlichen Pflanzen. Bäume unterschiedlichster Sorten wohlgemerkt, die im Dunklen leuchten, und die mit ihrem wuchernden und immergrünen Blattwerk die alte Straßenbeleuchtung ersetzen.«

Wir wissen seit Langem, dass im Jahr 2040 Wien die klimatische Situation von Neapel erwartet – welche

Temperaturen sind dann in Neapel zu erwarten? In den Städten führen die quantitativ messbaren Hitzeinseln in dicht bebauten Quartieren zu gesundheitlichen Gefährdungen, besonders bei Alten und Kranken. Ein Signal dazu kam von der NGO »KlimaSeniorinnen Schweiz«, die den Beschluss des Europäischen Gerichtshofs für Menschenrechte für die Schweiz »Klimaschutz wird Menschenrecht« am 9.4.2024 bewirkte, wie Michael Gams auf www.cipra.org berichtet.

WACHSTUM DER ARMUT

Zugleich haben wir weltweit ökonomische Schwankungen, in Europa seit Covid auch eine Wachstumskrise. Es entstanden enorme Folgekosten, die sich in allen Lebenslagen auswirken und Armut erzeugen.

Ökonomische Krisen betreffen alle Bevölkerungsgruppen und die Baukultur eines Landes, was an verfallenden Vierteln, gestoppten Baustellen und leer stehenden Quartieren, aber auch durch den Verlust der Kreditwürdigkeit ärmerer Schichten sichtbar wird.

Deshalb müssen auch Unterstützungen für die Bewältigung der Kosten von Wohnen, Energie, Mobilität etc. gefunden werden, wie es ein innovatives Beispiel aus den USA zeigt, das die Kreditwürdigkeit bei Banken im Fokus hat. Das ist sicher anders als in Österreich.

Die finanztechnische Erfindung von Wemimo Abbey und Samir Goel – beide sind um die dreißig Jahre alt und wurden 2023 vom *Time Magazine* in die »*Time* 100 Next List« junger Amerikaner:innen gewählt – besteht darin, den Nachweis langjähriger Mietverträge als Besicherung bei Bankinstituten zu ermöglichen. Zugleich bieten sie auch Besicherungen für die Hauseigentümer:innen. Beides kann Folgen für das Gemeinwohl haben. Die Website www.esusurent.com verspricht: »We're Esusu. We report rent payments to major credit bureaus to help renters boost their credit scores, all while helping owners and property managers maximize returns.«

Solche Konzepte könnten das Bankwesen, vielleicht sogar die Geldmärkte auch in Europa ändern – die nicht nur in den USA, sondern auch hier in Österreich zum Beispiel im sozialen und geförderten Wohnbau die Arbeit erschweren. Die Folgen der Ökonomiekrise sind brennend aktuell für die Bauwirtschaft in unserem Land.

Dazu ein Zitat vom Mai 2024 von Roland Kanfer, dem langjährigen Herausgeber der Zeitschrift *Architekturjournal/Wettbewerbe*, die kürzlich eingestellt wurde: »Das vergangene Jahr [2023] markierte einen beispiellosen Einbruch in der Bautätigkeit Österreichs. Mit einem Rückgang von einem Viertel der Baugenehmigungen. Im Vergleich zum Vorjahr erreichte die Zahl der geplanten Wohnbauten einen Tiefpunkt seit 2010.«

CHANCEN
ERNEUERBARER ENERGIEFORMEN

In dieser schwierigen Phase der Bauwirtschaft braucht es im Bauwesen und in der Industrieproduktion nicht nur anders konzipierte Aufgabenstellungen, sondern auch technische Innovationen für die Abkehr von Öl und Gas im Material, in der Mobilität, in der Energieversorgung.

Wie schnell kann die Sonnenenergie auf Dächern und Fassaden verfügbar sein, wo können diese Anlagen sinnvoll – ohne das Landschafts- und Ortsbild zu belasten – eingerichtet werden? Wo können Windparks entstehen (auch in den westlichen Bundesländern), ohne sofort den Gegenwind der Bürger:innen zu spüren – diese Fragen beschäftigen Fachleute, vor allem um den Landschaftsschutz und die kulturelle Dimension dieser neuen technischen Fragestellungen zu klären. Ein weiteres Beispiel dazu: Kann Geothermie nicht nur in Höfen und Gärten, sondern auch im öffentlichen Gut integriert werden – um die Heizkosten zu reduzieren? Viele Hauseigentümer sind gefordert: Gerade jetzt wird die denkmalgeschützte Villa Beer (von den Architekten Frank & Wlach 1931 in Wien erbaut) sorgfältig renoviert – im Garten werden die Bohrlanzen für eine Geothermieanlage unterirdisch eingebaut – bevor der Garten erneuert wird.

Es wäre sinnvoll, dass Stadtverwaltungen im öffentlichen Stadtraum, auf den Straßen und Plätzen solche Bohrfelder einrichten, um die Erdwärme für vielfältige Zwecke einsetzen zu können.

Die Stadt Wien hat mehrfach bewiesen, dass sie durch intelligente Förderprogramme, zum Beispiel für Solarenergie oder aktuell für Schattierungselemente der Fassaden bei Bestandsbauten, eine Breitenwirkung für die moderne Stadterneuerung erzielen kann. Es geht bei diesen Konzepten um das Gemeinwohl. Das ist möglicherweise ein altmodischer Ausdruck für die Hauptaufgabe einer Verwaltung, die heute neue Aktualität gewinnt.

In Deutschland gibt es seit Langem die Städtebauförderung, die solche langfristigen Umbaumaßnahmen ermöglicht. Klara Geywitz, Bundesministerin für Wohnen, Stadtentwicklung und Bauwesen, schreibt 2024: »Die öffentlichen Räume mit ihren unterschiedlichen Funktionen und Gestaltungsvarianten sind für eine nachhaltige Innenstadtentwicklung ganz besonders wichtig. Während der Pandemie hat sich deutlich gezeigt, wie wichtig Parks und Märkte sind. Die Landschaftsarchitektur übernimmt hier eine besonders wichtige Rolle.« Und weiter: »Mit der Bund-Länder-Städtebauförderung verfügen wir in Deutschland über ein hervorragendes Instrument, um auch die Freiraumgestaltung in unseren Städten und Dörfern maßgeblich zu verbessern. Das Programm ›Lebendige Zentren‹ mit einem Volumen von 300 Millionen Euro jährlich bietet den Kommunen die Gelegenheit, unter anderem mit Klimaanpassungen ihre Zentren nachhaltig umzugestalten … Zusätzlich gibt es noch das Zusatzprogramm (ZIZ).« Von den dafür von der Republik Deutschland bereitgestellten 250 Millionen Euro profitieren 219 deutsche Städte und Gemeinden.

Die österreichische Bundesregierung wäre gut beraten, ebenfalls solche der Baukultur verpflichteten Einrichtungen zu schaffen.

LANDSCHAFTSSCHUTZ UND BODENVERSIEGELUNG

Es gab auch in vergangenen Jahrhunderten Gewitter, Erdrutsche und Trockenphasen. In Purkersdorf wurde 1863 auf dem Stadtplatz neben dem Rathaus ein Brunnen für die durch die Dürre geplagte Bevölkerung errichtet. Den Schutz des Wald- und Wiesengürtels 1907 verdankt Wien dem Bürgermeister von Mödling Josef Schöffel, der als früher Naturschützer diesen wertvollen Landschaftsbereich rettete. Der Wienerwald hat heute für die Stadt Wien eine unschätzbare Qualität.

Wie kann der Landschaftsschutz heute in kleinen und großen Gemeinden konkret in die aktuellen Planungsprozesse integriert werden, wie kann die massive Bodenversiegelung reduziert werden?

Diese Fragen beschäftigen Landschaftsarchitekten,

weshalb die Landschaftsdeklaration »Landschaft Österreich 2020+« von ÖGLA und dem Umweltdachverband verabschiedet wurde (www.hausderlandschaft.at).

CHANCEN FÜR STADTRÄUME

Wie wird sich unser Stadtraum entwickeln? Die geschützten Landschaftsteile wie die Lobau und der Wienerwald, die Donau-Ufer und die lebendige Topografie Wiens – in die die Parks und grüne Stadtplätze eingebettet sind – bilden die Lebensgrundlage dieser Stadt. Die Erhaltung der Naturräume und ökologisch wirksamer Trittsteine bietet für ein gesichertes Grünsystem spezielles Potenzial. Deren Qualitäten zu verstehen, zu unterstützen ist in dieser durch klimatische Veränderungen bestimmten Zeit besonders herausfordernd. Dazu sind Landschaftsrahmenpläne, sogenannte Masterpläne zur Gliederung von Stadtgebieten gefragt, die für die Durchlüftung und Erhaltung der Biodiversität auf Basis der gegebenen landschaftlichen Bedingungen Grünzonen definieren, wie Grünkeile und Grünverbindungen. Dazu sind leistbare Grünprogramme für die Stadt zu schaffen, Freiraumgestaltungspläne und Gehölzleitpläne für Quartiere. Diese Fachplanungen gibt es in anderen europäischen Städten, wo man Straßen und Wege, Plätze, Fußgängerzonen, urbane Parks, Stadtgärten und die großen Erholungslandschaften in ein größeres Ganzes mit langfristiger gesetzlicher Sicherung zusammenführt.

Die zeitgemäße Raumplanung und deren Planungsinstrumente sind Vorbedingungen, um gute öffentliche Räume zu schaffen, auch für eine neue Kategorie vom Schutzgut Landschaft – die Stadtnatur. Professor Helga Fassbinder, Amsterdam und Wien, spricht mit ihrer Stiftung von »Biotope City«, weil die moderne Stadt Naturhabitate bieten soll.

Stadtraum ist das Gut, das uns allen zur Verfügung steht. Es ist kein Tauschwert, es ist kein Mehrwert. Es ist das, was möglicherweise unser Lebensraum sein kann, also für den Gebrauch nützlich. Giovanni Battista Nolli (1701–1756) schuf 1748 den bekannten »Nolliplan«, der die öffentlichen Räume Roms in Verbindung mit den Eingangsbereichen der Häuser, Geschäfte, Passagen zeigt. Für das Studium der Stadtbaukunst und Stadtentwicklung bietet dieser Schwarzplan eine eindrucksvolle Basis. Er verknüpft die verfügbaren Flächen und das gewachsene Milieu: Die alte Stadt, das waren kleine Höfe, enge Straßen, Plätze für Märkte, an der Peripherie die Landwirtschaft.

Der Schwarzplan von Wien zeigt, welche Möglichkeiten der Synergie von öffentlichen Räumen und privatem Grundbesitz es gäbe – wenn eine gemeinsame egalitäre Nutzung von Höfen und Durchhäusern zum Beispiel in der Wiener Innenstadt möglich wäre. Dafür müsste die Zustimmung der Eigentümer:innen kommen, jedoch sind die Eigentumsverhältnisse, die Dynamik der Grundstückspreise, alle Immobilieninteressen nicht dafür gemacht. Ein Beispiel für den wachsenden Mehrwert von Baugrund: 2015 wurde die jährliche Ausstellung zur Stadtplanung in der Rathausgalerie München mit einem wirkungsvollen Modell gekrönt, das die Verteilungshöhe der Münchner Wohnungsmieten im Zentrum dieser Stadt mit einer Raumskulptur von spitzen Stäben zeigte, die gleich einem Gebirge die Explosion der Grundstückspreise dort deutlich machte. Solche Immobilienblasen, die es heute gefährlich oft gibt, verhindern die qualitätsvolle Entwicklung der Stadtbaukultur.

STADTGESTALT

Die Parzellenlage der alten Stadt war das Grundsystem und ergab ein synergetisches Zusammenwirken der öffentlichen Räume, deren gewachsene Formschönheit uns heute bezaubert. Von den Investorenbauten der vergangenen Jahrzehnte kann das nur schwer behauptet werden. Passend dazu soll hier ein griechisches Sprichwort modifiziert wiedergegeben werden, das der Stadtplaner und Architekt Professor Roland Rainer in seinen Vorlesungen oft zitierte: »Baue so, dass du deinem Nachbarn nicht das Licht wegnimmst, nein, und so, dass Schatten für alle bleibt und du selber genug Schatten hast!«

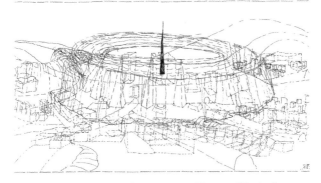

Abbildung 4: Die »Gegenräume« Wiens auf Basis der Vogelschau von Folbert van Alten-Allen 1686

Es geht um die Konfiguration der Bauvolumen und Straßen im Stadtraum, wie auch deren Gestaltung bei Reduktion von versiegelten Oberflächen. In Wien waren die Straßen vor dem 19. Jahrhundert selten begrünt, ehemals wurden Pflastersteine aus dunkelgrauem Granit verwendet, der Asphalt war schwarz.

Wir kennen den »Albedoeffekt«, der auf der Erforschung der Reflexionsgrade basiert, womit die Lichtreflexion auf die Baukörper und Stadträume etc. beurteilt werden kann. Auf Wiesenflächen und hellen Fassadenflächen sind 15 bis 25 Prozent Reflexion möglich. Auf Asphaltflächen, auf dunklen Baukörpern aber null Prozent Reflexion! So entstehen die Hitzeinseln der dichten versiegelten Stadtquartiere.

Neue Formen des Straßenbaus, begrünte Freiräume wie Wege und Plätze müssen heute versickerungsfähig geplant werden. Dafür gibt es das neue Konzept der Schwammstadt, das international angewendet wird. Es geht darum, Boden zu öffnen, Regenwasser zu nutzen und Schatten zu bringen. Am meisten hilft es, die Hitzeinseln zu lokalisieren und aufzulösen – indem Bäume auf Straßen und Plätzen gepflanzt werden. Im Klimawandel ist der Schatten das Nötigste, die Pflanzenauswahl verlangt Robustheit und beschränkt sich daher nicht auf heimische Arten.

Den Hitzeinseln begegnet man heute mit der Anlage von Pflanzstreifen entlang von Fahrwegen, mit hellen Plattenbelägen für Gehsteige, mit reflektierenden Fassadenmaterialien und mit Schattierungen von Gebäudeöffnungen.

In anderen Bundesländern gibt es eine Tradition der außen angebrachten Schattierungen, etwa in Tirol, Kärnten und der Steiermark. In Wien ist neuerdings das Anbringen von Außenjalousien mit Zustimmung der MA19 und Förderung der Stadt auch in Schutzzonen möglich – mehr als 15.000 Bauobjekte liegen im Bereich von Schutzzonen!

Deshalb wäre es gut, wenn nicht nur Masterpläne für klimagerechte Stadtquartiere entwickelt würden, sondern darauf aufbauend Programme für die kleinteilige Stadtgestaltung. Für Wien gibt es die gute Neuigkeit, dass die Novellierung des Baumschutzgesetzes größere Bäume für Ersatzpflanzungen verlangt, wodurch auch im privaten Bereich andere Möglichkeiten der Pflanzungen entstehen und dadurch auch größere zusammenhängende Baumkronen.

WISSEN UM DIE FREIRÄUME

Wir alle haben im Lauf unseres Lebens erlernte Ortskenntnis, doch ist für die Stadtgestaltung das Wissen um den Wert der Naturräume, der Stadtbaugeschichte und die fachliche Kenntnis von aktuellen Daten und Planungsgrundlagen erforderlich. Im Juli 2024 wurden in unserer Gasse großzügige Umbauten gemacht – von unseren Großeltern wussten wir, »da fließt ein Bach durch«. Tatsächlich stellte sich heraus, dass sich hier in den Innenhöfen die Reste der Schottenfelder Wasserleitung befanden, die im 19. Jahrhundert Kindergärten, Krankenhäuser der Stadt bis zur Hofburg hinunter mit Trinkwasser versorgt hatte. Solche Detailkenntnis ist heute selten geworden. Auf dem derzeit wegen seiner aktuellen Umgestaltung viel besprochenen Michaelerplatz wurden bei der seinerzeitigen Neugestaltung durch Hans Hollein für uns Wiener:innen archäologische Ausgrabungen sichtbar gemacht und so vermittelt, dass die Stadt in ihrer Vielfalt unterirdisch und oberirdisch baukulturelle Erinnerungen birgt.

Dieser Nutzen – das Zusammendenken von Räumen, das Verbinden von Innen und Außen, die Formfindung für gestaltete Freiräume über ökonomisch

*Abbildung 5, Gegenräume am Beispiel
Stiglmaierplatz, München*

wirksame Grundgrenzen hinweg – war für viele Generationen von Architekt:innen und Stadtplaner:innen der berufliche Auftrag.

Die Ausbildung von Architekt:innen muss sich um den Stadtraum drehen, dessen Studium lässt sich am besten am Modell verfolgen, wozu hier Beispiele folgen. Während meiner Professur an der ADBK München konnten 2010/11 die von Student:innen hergestellten Stadtmodelle sogenannter »Gegenräume, Counter Spaces« zeigen, dass die urbanen Freiräume ihre eigenen Volumen – und die Gebäudekanten die Form bildeten.

In Vorbereitung der Planung des Regierungsviertels in St. Pölten wollten János Kárász, Axel Ott und ich dem Publikum zeigen, dass Städte aus Quartieren, aus Baukörpern, aus Straßen, Wegen und Plätzen bestehen.

Abbildung 6, Gegenräume am Beispiel Karolinenplatz, München

Wir erfanden damals den »Stadtbaukasten«. In diesem Spiel können neue Stadtformen selbst erprobt werden. Die Selbstermächtigung im Spiel kann auch in anderen Gesellschaftsspielen wie DKT gemacht werden, ich hatte für den Tag der offenen Tür im Rathaus 1978 aus Anlass der damals ersten Wohnstraße Wiens in der Wichtelgasse ein »Wohnstraßenspiel« entwickelt, das Spielfeld war einer bekannten kleinformatigen Zeitung beigelegt worden – die Spielfiguren konnte man sich im Rathaus abholen!

ZUKUNFT DER METROPOLE

Heute geht es für Metropolen nicht nur um die Platzgestaltungen in der Innenstadt, sondern auch um die Perspektiven für die Gesamtstadt. Dafür spielt die zirkuläre Wertschöpfung eine wesentliche Rolle, sie liegt unter anderem in der nachhaltigen Erhaltung und Umnutzung von Bestandsbauten und Freiräumen – wie es die Neuplanung des Nordwestbahnhofgeländes im 20. Bezirk in Wien durch Bernd Vlay und Lina Streeruwitz zeigt. Hier wurde versucht, Stadtplanung im Einklang mit den UN-Nachhaltigkeitszielen zu realisieren. Julian Mast, Hochschule Ruhr, schreibt: »Zirkuläre Wertschöpfung rückt dabei den gesamten Produktlebenszyklus, das gesamte Wertschöpfungsnetzwerk sowie den Nutzen und die Nutzer:innen in den Fokus. Diese Entwicklung sollte im Einklang mit den UN-Nachhaltigkeitszielen stehen ... Das auf Potting et al. (2017, S. 5) beruhende 9-R-Framework von Kirchherr et al. (2017, S. 224) ist das heute geläufigste Modell dieser Strategien.«

Welche Entwicklungsszenarios gibt es in diesem 9-R-Framework für die Stadtnatur?

Die »freie Mitte« am Nordwestbahnhof erhält und qualifiziert den vorhandenen Landschaftsraum, bietet eine Vitalisierung des Quartiers durch neue Bauten und zugleich eine Vernetzung mit den Grünflächen anliegend im Norden, im Südwesten und dann gleich östlich davon bis zum Praterstern. So können in den Städten die größeren funktionalen Achsen erhalten werden.

Die Cityfarm Augarten ist ein lebendiges Beispiel für Initiativen im Stadtraum, den Gemüseanbau zu fördern.

Für die Wohnhausanlage Margarete-Schütte-Lihotzky-Hof, ehemals Frauen-Werk-Stadt, in Wien konnten Architektin Franziska Ullmann und ich eine verbesserte Begrünung zum Zwanzig-Jahre-Jubiläum bewirken.

Es gilt, auch die Selbstermächtigung der Gartenkultur zu fördern – auf jeder begrünten Parzelle, in jedem Hinterhof kann Gartenland produktiv genutzt werden – so entstehen Urban Gardens in Innenhöfen, Dachgärten, Vorgärten. Im Rahmen eines Studentenworkshops der TU Wien wurde CARLA, die Initiative der Caritas, die sich in einer ehemaligen Autowerkstätte befindet, mit intelligenten Einbauten ergänzt, und ich konnte die Student:innen dabei unterstützen, den versiegelten Hof zu begrünen.

WITH HELP BY MY FRIENDS AT CHATGPT

Nun folgen ein paar Beispiele aus verschiedenen Städten Europas, die zeigen, dass die Erreichung der von der UN geforderten Nachhaltigkeitsziele zur Zirkulären Wertschöpfung nicht in einer Stadt allein gelingen kann, die Reichweite der Themen ist größer und reicht bis zu dem kürzlich EU-weit beschlossenen Renaturierungsgesetz, auch zur Verpflichtung zur Ernährungssicherheit durch die Republik und zur schon lange diskutierten Leerstandsabgabe in Österreich.

Mittels ChatGPT erhält man in wenigen Minuten eine überraschend hellsichtige Zusammenstellung zu den neuen Konzepten für Stadträume in Zeiten des Klimawandels – wie zur Stadt Kopenhagen, die 2025 die erste klimaneutrale Hauptstadt werden soll.

Diese brauchbaren digital erfassten Texte zu Dekarbonisierung und klimaneutralen Aktivitäten europäischer Städte erscheinen auf den ersten Blick hilfreich, doch ist die Thematik auf den zweiten Blick komplexer, wie es das Beispiel Paris zeigt: Der Film mit Gernot Wagner »Retten Städte die Welt? 42 – die Antwort auf fast alles« forderte unter anderem für Neuplanungen die Dichte von Paris, das in seiner Kompaktheit mit 23.500 EW/ha zu einem Vorbild einer Verdichtung europäischer Städte werden könnte.

PARIS

Aber dieser Dichtewert entsteht aus Flächenberechnungen innerhalb der engen Stadtgrenzen. Die Stadtentwicklung von Paris ist jedoch längst über die Grenzen gesprungen und hat die bekannten historischen Außenbezirke, die Neubauviertel und das Umland mit Landschaftsteilen und Parkanlagen überformt, diese werden aber nicht mitgerechnet. Zugleich zeigen sich in Frankreich seit Langem gravierende sozialräumliche Veränderungen wie der radikale Verlust an Landwirtschaft

Abbildung 7, Stadtlandschaften

und Biodiversität im Umland von Paris. Die Peripherie leidet in vielen kleinen Umlandgemeinden unter den Folgen der massiven Stadterweiterung mit Industriegebieten, dieser »sprawl« – wie er in den USA genannt wird – zerstört langfristig jede periphere Begrenzung des Umlandes. Was könnte also die Zukunft der Landwirtschaft in Paris sein? Ein Konzept von Augustin Rosenstiehl aus dem Jahr 2019, unterstützt durch die Bürgermeisterin Anne Hidalgo, formulierte visionäre Vorschläge der landwirtschaftlichen Inversion: Schaffung neuer urbaner Berufe wie Klimagärtner, Tierzüchter etc., um den Gemüseanbau im Stadtzentrum wieder zuzulassen, wie auch mit Obstbäumen begrünte Promenaden. Auf den begleitenden Zeichnungen werden Pferde durch die Stadt geführt, in den Wiesen der Parkanlagen wird Weizen und Kohl angebaut und auf den Dächern gibt es Glashäuser.

Es wird viele visionäre Maßnahmen brauchen, um in der gewachsenen Stadt die regionale landwirtschaftliche Kultur am Leben zu erhalten. Ein Beispiel für die Region südöstlich von Wien ist der Weinbau: Schon heute arbeiten die Weinbauern am Neusiedler See mit Schattierungen, deren Konstruktion von den japanischen Teeplantagen übernommen wird – damit der Rotwein durch die hitzebedingte Verdickung der Schalen nicht zu bitter wird.

Diese Fragestellungen betreffen auch die deutschen Großstädte.

MÜNCHEN

Das langfristige Strategiekonzept »München 2030« hat Professor Undine Giseke, Berlin, bereits 2016 präsentiert. München hat, ganz anders als Paris, ein sehr gut entwickeltes Verhältnis zum Umland, braucht aber im Stadtraum selbst die Flächensicherung. Dabei gibt es klare landschaftliche Rahmenbedingungen und Vorschläge für qualifizierte Weiterentwicklungen der großen Landschaftsräume und für die Vernetzung von Grünverbindungen. Ich konnte für diese substanzielle Studie mit meinen Masterstudent:innen der ADBK München eine publikumsnahe Wanderausstellung gestalten, die in sieben Bezirken in öffentlichen Bauten gezeigt werden konnte. (https://stadt.muenchen.de/infos/langfristige-freiraumentwicklung.html)

HAMBURG

Eine andere Vorgangsweise wählte die Stadt Hamburg, die als Stadtstaat eigene politische Regeln und Gesetze verordnen kann. Hamburg ist stadtstrukturell durch Flussräume geteilt, hat einen international bedeutenden Hafen und das enorme Flussdelta der Elbe – und mit dem südlich gelegenen »Alten Land« eines der größten Apfelanbaugebiete Europas. Im Norden befinden sich die alte Stadt und die Quartiere der Peripherie. Die Stadtplanung hatte bereits im späten 20. Jahrhundert unter dem Planungsdirektor Egbert Kossak die Leitbilder für die Grünplanung definiert und Schutzgebiete, die Grünkeile, die grünen Verbindungen entwickelt. 2017 initiierte der Naturschutzbund Hamburg die Volksinitiative »Hamburgs Grün erhalten«, die von über 23.000 Bürger:innen unterstützt wurde. Zusammengefasst handelt es sich vor allem um eine breit angelegte

Freiflächensicherung: Zehn Prozent der Stadtfläche sollen unter Naturschutz gestellt werden, 18,9 Prozent bleiben im Landschaftsschutz und 23,2 bleiben im Biotopverbund. Die Stadtverwaltung schloss 2021 mit 17 Vertragspartnern aus dieser Volksinitiative einen Vertrag, der jährlich mit einem Jahresbericht mit Monitoring und regelmäßiger Evaluierung die Entwicklung der Natur- und Landschaftsschutzgebiete dokumentiert. Weiters werden in diesem Vertrag viele kleine Details festgelegt, darunter ein Budget für neue Arbeitsplätze, zum Beispiel für Naturschutzranger. Sie betreuen, beobachten und verwalten die geschützte Natur in Hamburg und bieten Kurse für Weiterbildungen an. Es gibt Pflege- und Entwicklungspläne, ein Naturinventar, ein Monitoring der Bodenversiegelung, eine Stabsstelle. Der Vertrag regelt auch, dass die Immobilien-Abteilung der Stadt Hamburg Verkäufe oder Verpachtungen von Grundstücken im grünen Netz nur mit Zustimmung der Abteilung für Naturschutz und Landschaftsplanung durchführen kann. Ein weiteres Projekt, die »Klimastraßen«, ist als Initiative mit Partizipation der Bevölkerung aufgesetzt und behandelt zwölf Landschaftsachsen, »die hohe Potentiale für die Stärkung der Grünstruktur, die Qualifizierung von Freiräumen für Aufenthalt und Durchgängigkeit sowie für Maßnahmen zur Klimaanpassung« haben, so die zuständige Mitarbeiterin Klara Dahlke. In einem Werkstattverfahren wurden mit einem fünfzehnköpfigen Begleitgremium und externen Berater:innen fünf Landschaftsplanungsbüros für jeweils einen bestehenden Hamburger Straßenraum beziehungsweise einen Straßentyp ausgewählt. Es geht darum, die wichtigen Magistralen der Stadt zu wertvollen Lebensräumen umzugestalten, um das grüne Netz zu qualifizieren. Die Umsetzung von weiteren lokalen Pilotprojekten in den Themenfeldern »Wassersensible Stadt- und Freiraumgestaltung« und »Blau-grüne Infrastruktur« wird hier ebenso integrativ betrachtet und in Bälde umgesetzt werden.

Große Ausfallstraßen einer Stadt können also ökologisch verbessert werden, wenn sie nicht nur Baumpflanzungen, sondern auch für die Anrainer:innen geeignete Qualitäten haben. Der Vergleich der ehemals komplett versiegelten schattenlosen Straßen in Betriebsgebieten mit den gelungenen Transformationsbeispielen zeigt diese neue Denkweise, ersichtlich zum Beispiel an den neuen breiten Boulevards in Barcelonas ehemaligem Betriebsgebiet St. Marti.

BARCELONA

Barcelona hat durch den Stadtplaner Ildefons Cerdà (1815–1876), der in der Stadterweiterung im 19. Jahrhundert einen besonderen Raster als Gartenstadt mit drei- bis vierstöckigen Häusern geplant hatte, eine besondere räumliche Option, die aber in den vergangenen 150 Jahren extrem überbaut und verdichtet worden ist. Heute sind manche dieser weiten Innenhöfe komplett mit Hallen zugebaut und die Straßen werden durch den Verkehr dominiert. Barcelona ist aufgrund hoher Bevölkerungsdichte in der alten Stadt und den extremen Versiegelungsraten in den Stadträumen schon lange mit problematischen Lebensbedingungen konfrontiert. An deren Verbesserung arbeitet die Stadtverwaltung konsequent.

In Barcelona – wie in vielen Städten am Mittelmeer – muss die Vegetation heftige Klimaschwankungen aushalten, die während der Sommer-Trockenzeit Wasser- und Hitzestress sowie intensives Sonnenlicht bringen und hohe Verdunstungsraten und Wasserverlust verursachen.

Darüber hinaus kämpft Barcelona laut der Studie »Climate-ADAPT« (November 2022) mit sozioökonomischen Herausforderungen wie Umweltungerechtigkeit im Zusammenhang mit den Klimaproblemen, schlechter Luftqualität und Ernährungsunsicherheit. Die Umweltungerechtigkeit bezieht sich auf ungleichen Zugang zu Grünflächen und grüne Gentrifizierung. Infolgedessen können Anwohner:innen und kleine Unternehmen mit geringem Einkommen gezwungen werden, ihre Nachbarschaft zu verlassen. Das Barcelona Lab for Urban Environmental Justice and Sustainability (Anguelovski et al., 2017) hat den Trend zur grünen Gentrifizierung im Zusammenhang mit 18 neuen Grünflächen/Parks analysiert. Die Forscher fanden heraus, dass die grüne Gentrifizierung in sozial gefährdeten Nachbarschaften ein komplexes Phänomen ist, das sowohl vom Kontext als auch von der bestehenden gebauten Umwelt abhängt. Unter diesen Aspekten entstand das Programm »taktischer Urbanismus« in der Stadtpolitik Barcelonas, das auf eine schrittweise zeitgemäße Veränderung der Stadträume abzielt. Inzwischen gibt es bereits viele neue nach dem Schwammstadtprinzip realisierte Parkanlagen und aktuell interessante Experimente mit neuen Wohnformen.

Für den taktischen Urbanismus war anfangs die Priorität, in die dicht verbaute Stadt verträgliche grüne Elemente zu integrieren, die mit dem Städtebau, mit der Struktur dieser Stadt eine neue Symbiose der Stadtnatur bilden können. Die Stadtverwaltung veranstaltete einen Wettbewerb, um den Prozess der Stadtrenovierung namens »Superillas« einzuleiten, den Miriam García 2022 in der Veranstaltung »Klimawechsel« im Rahmen der IBA 2022 in Wien in einem Vortrag präsentierte. Sie konnte die ersten »Superillas« vorstellen, vier verkehrsberuhigte grüne Plätze im Bezirk Eixample. Dieser Transformationsprozess geht weiter und wird dieser Stadt eine neue Freiraumqualität verleihen.

MADRID

Zwischen 2006–2012 wurden in Madrid der verschmutzte und weitläufig überdeckelte Fluss Manzanares geöffnet, gereinigt und weitläufige Promenaden angelegt – dadurch konnten im Zentrum der Stadt 120 Hektar neue Freiflächen gewonnen werden. Man muss solche Stadträume im August an einem Wochenende erlebt haben, um zu verstehen, welche Entlastung diese neuen Freizeitangebote für die Stadtbevölkerung Madrids bringen! Dieses Projekt eines damals frisch gewählten jungen Bürgermeisters war eine für ganz Europa überraschende Großtat. Laut Wikipedia konnten das Team West 8, Landschaftsarchitekten aus Holland, sowie MRIO Arquitectos aus Madrid vier neue Parks, 14 Brücken und vielfältige Spiel- und Sportflächen errichten – mit einem Bauvolumen von vier Milliarden Euro.

VALENCIA

Ein anderes Beispiel für aktive Stadterneuerung zeigt ganz aktuell Valencia, 2024 zur »Grünen Hauptstadt Europas« gewählt. Die Stadtverwaltung hatte über viele Jahre Konzepte für die Sanierung innerstädtischer Brachflächen und Leerstände mit jungen Architekturbüros erarbeitet. Diese teilweise temporären Interventionen (Märkte, Kunstausstellungen, zum Teil auch

Begrünungen von leeren Bauplätzen) wurden in den letzten Jahren durchaus konsequent weiterentwickelt, um in der Altstadt gegen die soziale Verwahrlosung, gegen starke Kriminalisierung, Prostitution und Drogenhandel anzukämpfen.

Bei der Zuerkennung des Titels »Grüne Hauptstadt Europas 2024« hob die Jury vor allem hervor, dass hier Errungenschaften auf dem Gebiet des nachhaltigen Tourismus, der Klimaneutralität sowie des fairen und inklusiven Wandels erzielt wurden.

EIGENE PROJEKTBEISPIELE

Anhand eigener Projekte unseres Ateliers auböck+ kárász Landscape Architects sollen Beispiele für die qualitätsvolle Erneuerung von historischen innerstädtischen Freiräumen, für die Renovierung von Industriebrachen und für sozial-ökologische Überlegungen zum geförderten Wohnbau in Wien vorgestellt werden.

FESTSPIELBEZIRK SALZBURG

Der Wilhelm-Furtwängler-Garten, der sich vor dem Festspielhaus in Salzburg erstreckt, soll zuerst vorgestellt werden. Hier befand sich in barocker Zeit der »Apothekergarten« der benachbarten Medizinischen

Fakultät, eingespannt zwischen der Kollegienkirche und dem Bauensemble der Universität Salzburg. Ein privater Sponsor und Fan der Salzburger Festspiele finanzierte einen internationalen Wettbewerb für ein Erneuerungsprojekt der in die Jahre gekommenen Parkanlage, die von niederen Kiosken eingefasst war. Wir konnten dieses Verfahren gewinnen und mit tatkräftiger Unterstützung der Beamt:innen der Stadt Salzburg die Neugestaltung unter Berücksichtigung des Baumbestandes realisieren. Im Entwurf setzten wir einen Heckengarten – angelehnt an die grünen Kulissen des Heckentheaters im Mirabellgarten – und orientierten uns mit breiten Wegen am Rand an den Platten der Traufenpflaster der Innenhöfe der Altstadt, die die Fassaden vor dem Salzburger Regen schützen. So verbanden wir die Wege zum Markt und zur Getreidegasse mit dem Bereich vom Festspielhaus. Für die Skulpturensammlung der Stadt bietet sich hier ein attraktiver Aufstellungsort. Der weitläufige Rasen im Zentrum konnte als wichtige Versickerungsfläche für den Regen erhalten werden.

EIN INNENHOF IN DER WIENER INNENSTADT

Ein anderes Beispiel ist der erneuerte Hof der Österreichischen Akademie der Wissenschaften in der Innenstadt von Wien. Der Gebäudekomplex umfasst das ehemalige Jesuitenkloster aus dem 17. Jahrhundert, wir konnten den Wettbewerb für dieses Renovierungsprojekt mit den Architekten Riepl Kaufmann Bammer gewinnen. Vor dem Wettbewerb war der Innenhof eine Brache, durch die Renovierung entstand ein neuer stiller Freiraum in der Stadt.

Seit 2022 werden die historischen Gebäude und der begrünte Hof als Arbeitsplatz für die wissenschaftlichen Abteilungen der Österreichischen Akademie der Wissenschaften und ein Teil weiterhin als Jesuitenkloster genutzt. Diese Restrukturierung bietet nun im Innenhof mit Bauminseln und einer langen Bank aus Naturstein einen halb öffentlichen Treffpunkt unter Baumkronen in der Innenstadt, die weitläufige Rasenfläche ist für die Regenwasserversickerung geeignet.

SONNWENDVIERTEL

Kontaminierte Industriebrachen, aufgelassene militärische Anlagen und Gleisharfen in Bahnhofsarealen sind in Europa Erbstücke der Geschichte des 19. und 20. Jahrhunderts. Sie werden zu Hoffnungsgebieten der Transformation. Auf diesen – oftmals belasteten – Flächen entstehen neue Quartiere, wie es das Areal des ehemaligen Südbahnhofs in Wien beweist. Mit Hoffmann Janz Architects konnten wir den Wettbewerb für die städtebauliche Form des heutigen Sonnwendviertels gewinnen. Sie definierten auch (mit den Architekten Theo Hotz und Albert Wimmer) den neuen Hauptbahnhof. Daneben entstand in der Folge ein Büroquartier, wo der Erste Campus von Henke Schreieck Architekten so geplant wurde, dass es nun für Fußgänger einen direkten Fußweg vom Belvedere zum neuen Hauptbahnhof gibt. An diesem Stadtraum konnten wir mit den genannten Architekten vom Städtebau bis zur Hofgestaltung und Dachbegrünung arbeiten. Dieser besondere Gebäudekomplex zeigt, wie man moderne Arbeitsplätze mit Innenraumbegrünung entwickeln kann. Das parkartig gestaltete Gründach bietet im zweiten Obergeschoss auf mehreren Terrassen und Wiesenflächen mit großen Baumgruppen Kontaktmöglichkeiten für Mitarbeiter:innen und Kommunikation im Freien zwischen den Arbeitsplätzen in den Bürobauten. Die Innenausstattung der Büros wurde sehr innovativ programmiert, die über dreitausend Mitarbeiter:innen haben keine fixen Büros mehr, sondern können sich die Arbeitsplätze jeden Tag aussuchen. Wir haben erfahren, dass die Fensterplätze mit Blick in die Innenhöfe und Grünflächen sehr beliebt sind, ja manche Kolleg:innen gern schon in der Früh um sieben kommen, um einen Fensterplatz zu finden.

CENTRAL PARK BAKU

Baku hatte aufgrund der Handelsverbindungen zwischen Asien und Europa und seiner bemerkenswerten Ölvorkommen seit Jahrhunderten eine Sonderstellung am Kaspischen Meer. Der Name Baku bedeutet Stadt der Winde. Die heimische Vegetation ist durch das Klima und Wetterereignisse stark belastet, extreme Hitze im Sommer und Schneefälle im Winter. Hier entstand eine an Europa gemahnende Lebenskultur zwischen der Türkei und dem Iran. Die Stadt Baku musste in der Geschichte des 20. Jahrhunderts den politischen Druck von Russland, bald der Sowjetunion, und zugleich den kulturellen Einfluss von Persien integrieren. »Um 1900 war mehr Ölproduktion in der Stadt Baku zu finden als in Texas«, schreibt Eve Blau 2018 in ihrem Buch »Baku – Oil and Urbanism«. Die Ölquellen waren in Besitz der lokalen Grundeigentümer verblieben, wodurch um 1900 viele Kultur- und Bildungsbauten aus den Erträgen des internationalen Ölhandels finanziert werden konnten, etwa Gymnasien, Krankenhäuser, Museen, Opern- und Theaterbauten. Bürgermeister Nikolaus von der Nonne (1836–1906) ließ einen bemerkenswerten Stadtplan mit Grünkonzept erstellen, der bis heute in den Stadträumen ablesbar ist.

Es passiert selten, dass in Zentrumsnähe genug Flächen für neue Stadträume zu gewinnen sind. Die Regierung von Aserbaidschan schuf um 2010, durch den konsequenten Abbruch von Bestandsbauten und die Herstellung von neuen Schnellstraßen, ein zusammenhängendes Areal für urbane Grünflächen. Über Vermittlung von Hoffmann Janz Architekten haben wir den Central Park im Zentrum von Baku gestaltet.

Die politische Situation des Landes war und ist konfliktbeladen, ohne Zweifel. Durch die Einbindung lokaler Partner und deren effektiv organisierte Entscheidungsstrukturen gelang es, die Freigabe von Entwurfsplänen umgehend zu erhalten und schnell zur Realisierung per digitalem Planversand, Baustellenbesprechungen am Mobiltelefon und etlichen Baustellenbesuchen zu kommen. So entstand für die Bewohner:innen von Baku ein in fünf Bauphasen entwickelter Central Park. Das Gelände liegt auf einem Hang mit wundervollen Ausblicken zum Meer, wird aber von zwei Schnellstraßen durchschnitten. Am Fuß des Hanges liegt das Nationaltheater, die Hügel hinauf zieht sich ein für die neuen Wohnbauten angelegter Waldpark. Hier befanden sich Siedlungen der Ölarbeiter, sogenannte »Sowjetski«, vor deren Abbruch wurden den Bewohner:innen neue Wohnräume angeboten. Am Rand befindet sich die größte Moschee des Kaukasus. Die Hanglage geschickt ausnutzend bildet ein neues Garagengebäude eine Brücke von der Moschee über die zwei Straßen hin zur großen Grünfläche. Mit dem neuen Moscheegarten auf dem Dach dieser Hochgarage konnten die Zugänge direkt mit dem Central Park verbunden werden. Die integrative Entwurfsidee bietet über eine gemuldete Topografie kleinräumige Aufenthaltsorte für Picknick, Spiel und Sport. Die Gehölzverwendung orientierte sich an den lokalen Arten wie den Wildbirnen, den türkischen Pinien und Maulbeerbäumen. In den Mulden sind die Wiesenflächen umgeben von Sträuchern wie Haselnüssen, Granatäpfeln und duftenden Ölweiden. Die Staudensäume entlang der Wege wurden mit robusten Gräsern, Lavendel und Salbei bepflanzt. Im Internet finden sich unzählige Selfies von Familienausflügen und Picknickrunden im Central Park, aufgrund der enormen Hitze in den Sommermonaten werden die Parkanlagen wie auch besonders die Sport- und Spielflächen rund um die Uhr bis spätnachts intensiv genutzt.

WIENER WOHNUMFELD

Zum Schluss möchte ich Projekte für den Wiener Wohnbau vorstellen.

Zu den anerkannten Errungenschaften des Wiener Wohnbaus konnten wir experimentelle Beispiele für Freiraumnutzungen beitragen. Sie sind zumeist Ergebnisse von Wettbewerben, da diese vorgeschalteten Verfahren heute Vorschrift für den geförderten Wohnbau sind. Wir konnten bereits 1995 den Hof der Wohnhausanlage »Interethnisches Wohnen« mit Architekt

Peter Scheifinger versickerungsfähig gestalten und eine Photovoltaikanlage für eine Brunnenpumpe installieren, die aus einer Regenwasserzisterne gespeist wurde. Auf den Dächern der Wohnbauten wurden Gärten mit kleinen Sommerhäusern angelegt, die von den Bewohner:innen an heißen Tagen gerne zum Übernachten genutzt werden. Die Grauwassernutzung für die Gartenbewässerung wurde ebenfalls damals installiert. Für diese besondere Programmierung und die Architektur erhielt der Architekt Scheifinger 2009 den Wohnbaupreis der Stadt Wien.

Ein ökologisch ähnlich ehrgeiziges Programm folgte dem Gewinn des Wettbewerbs »Autofreie Mustersiedlung« durch die Architekten Cornelia Schindler und Rudolf Szedenik, aus dem die bis heute größte autofreie Wohnhausanlage Europas entstand. Die Grundsteinlegung erfolgte 1997, heute befinden sich überdurchschnittlich viele Wohnungen in diesem Wohnbau bereits im Eigentum. Der Planungsprozess war partizipativ angelegt, in Gruppen organisieren die Bewohner:innen bis heute selbst die Verwaltung, zum Beispiel der differenziert angelegten Dachgärten und der Grünraumpflege im Erdgeschoss. Sie können auf Carsharing zugreifen und sparten so die üblicherweise aufwendige Tiefgarage. So entstand hier eine Wohngemeinschaft mit besonders intensivem Zusammenleben, die begrünten Dächer werden für Schulaufgaben, Saunabesuch, Feste und Gemüseanbau genutzt.

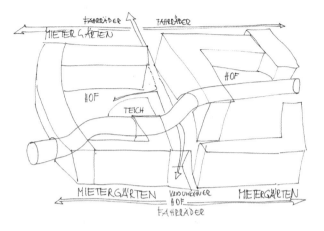

Abbildung 8, Autofreie Mustersiedlung

Mit diesen beiden Beispielen möchte ich zeigen, dass es bereits um die Jahrtausendwende möglich war, ökologisch motivierte Wohnbauprojekte in Wien zu realisieren.

Der Masterplan für die Wohnhausanlage »In der Wiesen Süd« war ebenfalls ein Wettbewerbsgewinn unseres Ateliers. Damit werden alle Bauplätze (deren Gestaltung von den Planungsteams verantwortet wird) durch eine landschaftlich gestaltete Wegeverbindung verknüpft. Mittels eines Materialhandbuchs mit Angaben zu den versickerungsfähigen Bodenbelägen, den Leuchten, dem Mobiliar entstand eine homogene Erholungslandschaft im Wohnumfeld über die acht

Bauplätze. Erfreulicherweise konnten wir mit allen Planungsteams die Schnittstellen der Gestaltung und deren Arbeitsabläufe koordinieren. So entstanden vielfältig nutzbare Flächen, die eine lebendige Familienerholung zwischen den Häusern ermöglichen. An dem Bauplatz, den wir mit den Architekten von ARTEC und Dietrich Untertrifaller gestalten konnten, wurden auch die Dächer mit Sitzbereichen und Gemüsebeeten für die Bewohner:innen aktiviert. 2022 erhielten wir mit den genannten Architekt:innen als Planungsteam den Wohnbaupreis der Stadt Wien.

Die beschriebenen Beispiele zeigen jeweils unser Engagement, den Herausforderungen unserer Zeit und den lokalen Interessen mit einer global verständlichen Entwurfssprache zu begegnen.

SCHLUSSWORT

Vor der Bebaubarkeit, vor den Fragen der Mobilität, vor den neuen Anforderungen an unseren Lebensstil geht es um die mögliche Nutzung der öffentlichen Freiräume. Deshalb ist der Bodenschutz und der Schutz der vorhandenen Freiflächen, insbesondere der historisch gewachsenen Kulturlandschaft, von enormer Bedeutung. Es müssen aber auch neue Ansätze für die integrative Erhaltung von Stadtgrün gefunden werden.

Leider brachte auch die jüngste Novellierung des

österreichischen Denkmalschutzgesetzes keine Möglichkeit zum Schutz der vielen kleinen, auch wertvollen Grünbereiche. Hier könnte Österreich von der Schweiz lernen und die Areale in einem Kataster erfassen und gesetzlich schützen.

Mit einem Zitat aus einer Falter-Kolumne von Doris Knecht (2024) möchte ich enden: »Wenn man das Glas halb voll sehen will, kann man sagen: Die Stadt verändert sich, man spürt den guten Willen und das ist positiv und lässt hoffen. Und das kann man zwischendurch auch mal sagen.«

DISKUSSION

Nach dem Vortrag, aus dem dieses Buch entstand, fand ein Gespräch der Autorin mit der Direktorin des Architekturzentrums Wien, Angelika Fitz, und Stadtbaudirektor Bernhard Jarolim statt, moderiert von Judith Belfkih.

Dabei wurden verschiedene Zugänge besprochen, die eine Großstadt sinnvoll weiterentwickeln, die man in vier Themenbereiche fassen kann: den Umgang mit Hitze in der Stadt, die Verteilung von Raum, die Fragen der Umwidmung und die sozialen Aspekte von Stadtraum.

Umgang mit der Hitze

Die Stadt ist die ökologischste Form zu leben und zu wohnen, mit wenig Bodenverbrauch, sanfter Mobilität und dichten Quartieren. Gleichzeitig leiden die Städter:innen am meisten unter der zunehmenden Hitze. Es braucht Beispiele, wie nun Parks zu neuen Zentren der Stadt werden, damit man sich nicht mehr in versiegelten Innenstädten – wie auf der Piazza Navona in Rom – trifft, sondern im Grünen. Vor dieser Herausforderung stehen alle Städte.

In Wien stellt sich in Zeiten des Klimawandels die Frage, wo der dringendste Wachstumsbedarf liegt.

Durch den enormen Zuzug muss die Stadt als Gesamtes und in verschiedensten Bereichen wachsen. Deshalb wird es notwendig sein, Rahmenbedingungen zu finden, das Leben in der Stadt ressourcenschonend zu gestalten – weshalb ein Gleichgewicht der nachhaltigen Entwicklung sowohl in den Neubauzonen als auch in der Bestandstadt zu schaffen ist. Das heißt, die Bestandstadt in aller Unterschiedlichkeit ihrer Ausgestaltung ist zu ertüchtigen, auch zu verdichten, und andererseits auch zu begrünen. In den neuen Stadtentwicklungsgebieten werden wiederum zum Beispiel die Straßenräume völlig anders aussehen als gewohnt! Das Thema Klimawandelanpassung und Klimaschutz kann auch politisch sehr gut befördert werden.

Die Durchlüftung der Stadt leistet in Wien die Donau, ein Geschenk der Natur. Mit der Donauinsel wurde bereits vor Jahrzehnten ein international einzigartiges Projekt realisiert. Wichtig wären nun weitere Grünelemente entlang des Wienflusses, damit die Kaltluftschneise nach Westen ertüchtigt wird. In vielen anderen Städten werden die Flussufer vom Durchzugsverkehr befreit. Das braucht Zeit und Überzeugungsarbeit – in München konnte ich mit einem Studentenprojekt der ADBK München zeigen, wie eine überraschend beliebte Promenade entsteht, wenn für drei Wochen der Individualverkehr gestoppt wird. Wie wäre das, wenn der Autoverkehr am Naschmarkt umgeleitet würde? Das kann man sich ja gar nicht vorstellen. Man sollte dort Initiativen setzen, wo die wissenschaftlich belegten Hitzeinseln Maßnahmen nötig machen.

Verteilung von Raum

Das Begrünen ist ein wichtiges Thema, aber man kann es nur mit präziser Projektierung realisieren. Es reicht nicht, einfach fünftausend Bäume nach Wien zu bringen – es muss eine qualifizierte Verteilung dafür und Gestaltungsvorgaben geben, vor allem in den Vorortebezirken.

Die Budgets für die Gestaltung des öffentlichen Raumes wurden seit 2021 verdreifacht. Das heißt, die Stadt setzt derzeit sehr, sehr viele Klimawandel-Anpassungsmaßnahmen. So werden zum Beispiel die Radwege verbreitert, um ein entsprechendes Zeichen zu setzen und sowohl Fußgänger:innen als auch Radfahrer:innen mehr Raum zu geben, während Pkw-Stellplätze aufgelassen werden. Diskutiert wurde auch der Paradigmenwechsel, den die digitale Wende und die Klimaanpassungsmaßnahmen auch für das Bauwesen gebracht haben. Die grüne Architektur hat auch eine bautechnische Seite, mit viel Innovation im Bauwerk und bei der Begrünung.

Die gewachsene Stadt ist aus Regeln und Gesetzen entstanden, ihre Schönheit durch die Benützung durch ihre Bewohner:innen. Nun gilt es, diese historisch entstandene Gestalt durch klug und richtig gesetzte Pflanzen zu akzentuieren.

Es gibt keine Straßenbaustelle mehr, wo die Prinzipien der Schwammstadt, die ein unterirdisches Netz von Wasserspeichern schafft, von dem sich Pflanzen ernähren können, nicht zur Anwendung kommen.

Umwidmung

Mittlerweile sieht die Wiener Bauordnung (Bauordnungsnovelle 2018) vor, dass unter bestimmten Umständen Fassadenbegrünungen anzubringen sind. Die Fassade wird damit zum Thema, wenn der Platz auf dem Boden verbraucht ist und Bauwerke in die Höhe streben.

Es sind große Stadtumbauten und Transformationen, die erforderlich sind, die auch wieder viel Energie kosten – die Lösungen dafür sind komplex.

Durch eine entsprechende Förderung wird der Anreiz, im Baubestand außen liegende Verschattungen anzubringen, stimuliert. Für die Hitzeinseln der Stadt bedeutet diese Initiative eine relativ einfache und rasch wirksame Maßnahme.

Eine zweifache Herausforderung bedeutet in der Stadt das Wasser – sowohl was den Verbrauch betrifft, als auch, infolge der Wetterextreme wie Starkregen, dessen Abfluss. Welche bautechnischen Möglichkeiten stehen hier zur Verfügung?

In vielen Gemeinden Österreichs sind wir mit drückendem Grundwasser konfrontiert, in anderen mit Tendenzen der Versteppung. Eine Antwort darauf ist daher die Regenwassernutzung: Alle Oberflächenwässer sammeln (natürlich mit Filteranlagen usw.) und dann sparsam mit diesem Regenwasser umgehen. Hier ein Beispiel für ein grün-blaues System, wie man ökologische Infrastrukturen nennt: Die Gärten des Belvedere haben eine unterirdische Zisterne zur Sammlung der Tagwässer des gesamten Geländes erhalten. Natürlich sind dafür neben den vielen technischen Innovationen die kleinen natürlichen Wasserflächen, die Tümpel, die Brunnenflächen usw. weiterhin ökologisch wichtig.

Soziale Aspekte von Stadtraum

Braucht man mehr Grünanlagen in der Stadt? Die Verteilungsgerechtigkeit in puncto Lebensqualität im Stadtraum erfordert, dass wir uns für mehr Parks in der Stadt einsetzen. Es sollte viel mehr in Ottakring, Simmering oder Favoriten geschehen, um den Bürger:innen einen entsprechend guten Lebensraum zu schaffen. Für die Bereiche des Weltkulturerbes, also die Altstadt, wäre ein Masterplan sinnvoll, der zukünftige Entwicklungen vorbereitet.

Mit Judith Belfkih lässt sich der soziale Aspekt der Grünraumplanung der Stadt so zusammenfassen: Die

Stadt und ihre Nutzung werden diverser. Es gibt unglaublich vielfältigen, gut erreichbaren Grünraum in Wien – man kann mit der U-Bahn auf die Donauinsel fahren und in den Prater und mit der Straßenbahn in die Weinberge. Das ist ein unglaublicher Luxus für alle, wie es einmal Dieter Kienast, Professor an der ETH Zürich, formulierte. Gleichzeitig gibt es Quartiere, wo sozial eher benachteiligte Bevölkerungsgruppen leben. Dort sind die wenigen, sehr divers, migrantisch genutzten Parks heftig übernutzt. Hier gibt es einen Nutzungsdruck und es braucht viel mehr Freiraum, in dem man sich gut aufhalten kann.

Es liegt noch viel Arbeit vor uns.

LITERATURHINWEISE

Auböck, Maria, Paul Rajakovics, Lina Streeruwitz (2022): Klimawechsel, Vortragsreihe im Rahmen der IBA 2022, Hg.: ZV f. Wien, NÖ u. Bgld., Wien

Blau, Eve, Ivan Rupnik (2018): Baku – Oil and Urbanism, Park Books, Zürich

Blom, Philipp (2022): Die Unterwerfung, Carl Hanser, München

Clément, Gilles (2007): Manifest der dritten Landschaft, Merve, Berlin

Geosphere Austria, Nachrichten August auf orf.at

Geywitz, Klara (2024): editorial, in: landschaftsarchitekt:innen, Verbandszeitschrift Bund Deutscher Landschaftsarchitekt:innen 3/2024

Guattari, Félix (2014): The Three Ecologies, Bloomsbury, London

Hofmeister, Sandra, Heide Wessely (2023): Barcelona, Urbane Architektur und Gemeinschaft seit 2010, Edition Detail, München

Houellebecq, Michel (2011): Karte und Gebiet, Dumont, Köln

Lüscher, Regula (09.04.2024): Gemeinsam Stadt machen, in: Anne Isopp (Moderatorin), Morgenbau-Podcast (https://morgenbau.at/22-gemeinsam-stadt-machen/)

Jackson, J.B. (1970): Landscapes: Selected Writings, University of Massachusetts Press, Amherst/MA, USA

Jacobs, Jane (1963): Tod und Leben großer amerikanischer Städte, Bertelsmann, Gütersloh

Knecht, Doris (07.05.2024): Ich will es sehen, ich will es spüren, in: Falter 19/2024

Kromp-Kolb, Helga (2023): Für Pessimismus ist es zu spät. Wir sind Teil der Lösung, Molden Verlag, Graz

Prominski, Martin (2004): Landschaft entwerfen, Reimer, Berlin

Rull, Coloma, Toni Pujol Vidal (2022): Climate Adapt 2022 Studie, Barcelona Lab for Urban Environmental Justice and Sustainability and Ecology, Urban Planning & Mobility Strategy Department, Barcelona, 2022 (https://climate-adapt.eea.europa.eu/en/metadata/case-studies/barcelona-trees-tempering-the-mediterranean-city-climate)

Schlögel, Karl (2003): Im Raume lesen wir die Zeit. Über Zivilisationsgeschichte und Geopolitik, Hanser, München

Selle, Klaus (2019): Öffentliche Räume im Zentrum der Städte. Nutzung, Bedeutung und Entwicklung, vhw-Schriftenreihe Nr. 14, Hg.: Bundesverband für Wohnen und Stadtentwicklung, Berlin

Stavarič, Michael (2024): Wien 2040, in: Elke Atzler & Manfred Müller (Hg.), In der Wüste Bäume pflanzen, luftschacht, Wien

Tanizaki, Jun'ichiro (2010): Lob des Schattens. Entwurf einer japanischen Ästhetik, Manesse, München

Treib, Mark (2011): Meaning in Landscape Architecture and Gardens, Routledge, London

Wöbse, Hans Hermann (2003): Landschaftsästhetik. Über das Wesen, die Bedeutung und den Umgang mit landschaftlicher Schönheit, Eugen Ulmer, Stuttgart

DIE AUTORIN

Studium der Architektur an der TU Wien, in Rom und TU München, lehrte von 1985 bis 1999 an der Universität für angewandte Kunst, hatte von 1999 bis 2017 eine Professur an der Akademie der bildenden Künste München Lehrstuhl für »Gestalten im Freiraum«, seit 2011 einen Lehrauftrag an der Akademie der bildenden Künste Wien.

Seit 1985 gemeinsames Atelier mit János Kárász für Landschaft/Design/Architektur. Das Atelier gestaltete u. a. den Erste Campus Wien, Vorplatz Schönbrunn, Wien, Furtwängler-Garten Salzburg, Freiraumgestaltung Inn-Ufer am Olympischen Dorf, Innsbruck. Planungen und Gutachten zur Gartendenkmalpflege u. a. für Belvedere, Hellbrunn, Schloß Hof, Villa Skywa-Primavesi. Wettbewerbspreise u. a. für Gedenkort Turnertempel Wien, Bozen Hauptbahnhof, Erste Campus Wien.

Publikationen: Die Gärten der Wiener, Grün in Wien (mit Gisa Ruland), Paradies(t)räume (mit Gisa Ruland), Partituren für offene Räume (mit Janos Kárász, erscheint 2024)

Gastvorträge und Werkausstellungen mit Janos Kárász; beide sind Honorarprofessoren der Mate University, Budapest. Kooptiertes Mitglied von DASL, Berlin, Deutscher Städtebaupreis 2016, Preis für Architektur Land Niederösterreich 2016, Preis für Architektur der Stadt Wien 2022, Hans Hollein Kunstpreis 2023.